DEUTSCHE DEMOKRATISCHE REPUBLIK
DEUTSCHE AKADEMIE
DER LANDWIRTSCHAFTSWISSENSCHAFTEN
ZU BERLIN

VERÖFFENTLICHUNGEN

1. 1. 1966 — 1. 5. 1971

Bestellungen

durch den Buchhandel bzw. (Ausland) beim Deutschen Buch-Export und -Import Leipzig, für periodisch erscheinende Publikationen beim Postzeitungsvertrieb der DDR, soweit nicht gesondert vermerkt, unter Angabe der Bestellnummer

Die Veröffentlichungen werden auch auf dem Tauschwege von der Landwirtschaftlichen Zentralbibliothek der Deutschen Akademie der Landwirtschaftswissenschaften zu Berlin, 108 Berlin, Krausenstraße 38/39, an andere Bibliotheken und Institutionen abgegeben. Ausgenommen bleiben die besonders gekennzeichneten (*) Titel, die nur einem begrenzten Bezieherkreis zugänglich sind.

Vor dem 1. 1. 1966 erschienene Veröffentlichungen siehe Verzeichnis „Veröffentlichungen", Stand 1. Oktober 1967

1971

Herausgeber: Deutsche Demokratische Republik
Deutsche Akademie der Landwirtschaftswissenschaften zu Berlin

Druckgenehmigung: AG 505/136/71
Druck: Druckerei Olbernhau

INHALT

I. SCHRIFTENREIHEN

Sitzungsberichte

Band XV, 1966

Heft 1: RAUHE, K.: Gedanken zur künftigen Gestaltung der Humusersatzwirtschaft im Rahmen industriemäßiger Produktionsmethoden. 30 S. m. 10 Abb. — 1,80 M, Best.-Nr. 808 068 7

Heft 2: GRUNER, W.: Probleme der Meß-, Steuerungs- und Regelungstechnik in der Landwirtschaft. 28 S. m. 22 Abb. — 1,60 M, Best.-Nr. 808 014 2

Heft 3: KÖNNECKE, G.: Fruchtfolgegestaltung unter den Bedingungen industriemäßiger Produktion und der Entwicklung von Kooperationsbeziehungen. 24 S. — 1,50 M, Best.-Nr. 808 072 4

Heft 4: NEHRING, K.; WÜNSCHE, J.; BOCK, H.-D.; PLATIKANOW, N.; TOMME, M. F.; GAŽO, M.; JÉCSAI, J.; TANGL, H.; BĂIA, G.: Verbesserung der Eiweißversorgung der landwirtschaftlichen Nutztiere. 94 S. m. 2 Abb. — 2,00 M, Best.-Nr. 808 119 6

Heft 5: SCHUBERT, E.; HUSSEIN, F.; SANDKE, G.; BISCHOFF, J.; GRÖSCHNER, P.: Probleme des Lagerverhaltens und Methoden zur Erfassung der Qualitätsmerkmale bei Obstsorten. 43 S. m. 10 Abb. — 1,80 M, Best.-Nr. 808 104 9

Heft 6: WITTER, B.; BERGMANN, W.; LEHEIS, F.; GEY, S.; PETER, H.; KLEMM, K.-H.; GROSSE, H.; RZYMKOWSKI, P.; HAMMER, U.; SCHRAMEIER, R.; WAHL, H.: Ergebnisse und Auswertung des III. Turnus der systematischen Bodenuntersuchung der DDR 1961 bis 1965. 48 S. u. 8 Farbtaf. — 2,00 M, Best.-Nr. 808 073 2

Heft 7: HANKE, P.: Zu einigen Fragen der Entwicklung und Organisation der Forschung. 27 S. — 1,60 M, Best.-Nr. 808 074 0

Heft 8: SCHÖNHERR, W.: Die Bekämpfung chronischer Seuchen des Rindes unter besonderer Berücksichtigung der Euterkrankheiten. 14 S. — 1,50 M, Best.-Nr. 808 013 4

Heft 9: KLINKOWSKI, M: Forschungsergebnisse und Probleme der Phytopathologie. 48 S. m. 19 Abb. — 1,80 M, Best.-Nr. 808 078 3

Heft 10: KULLMANN, A.: Zur Dynamik der Bodenaggregate und deren Beeinflussung durch einige organische Substanzen. 18 S. m. 8 Abb. — 1,50 M, Best.-Nr. 808 036 1

Heft 11: OLBERTZ, M.; SCHWARZ, K.: Die meliorationswissenschaftliche Forschung in der Deutschen Demokratischen Republik. 58 S. m. 13 Abb. — 2,00 M, Best.-Nr. 808 081 2

Heft 12: KLEIBER, H.: Die weitere Entwicklung der Rinderhaltung unter besonderer Berücksichtigung technologischer und ökonomischer Fragen. 33 S. m. 3 Abb. — 1,80 M, Best.-Nr. 808 124 1

Heft 13: DAHSE, F.: Tendenzen und Möglichkeiten der Mechanisierung und Automatisierung in der Rinderhaltung.
KLAUS, K.: Zu einigen Fragen des Stallbaues, besonders hinsichtlich der Versuchsanlagen für Kühe.
AA, R. v. d.: Probleme der Tierhygiene in Rindergroßbeständen. 55 S. m. 17 Abb. — 2,00 M, Best.-Nr. 808 038 8

Heft 14: SCHÖNMUTH, G.; LENSCHOW, J.: Probleme der Rinderzüchtung. 54 S. m. 8 Abb. — 2,00 M, Best.-Nr. 808 151 6

Heft 15: MÜLLER, G.: Der Einfluß der Mineraldüngung auf den biologischen Kreislauf der Stoffe landwirtschaftlich genutzter Böden. 29 S. m. 1 Abb. — 1,80 M, Best.-Nr. 808 077 5

Heft 16: EHWALD, E.: Probleme der Erfassung der Standortsverhältnisse der DDR und ihrer Auswertung. 35 S. u. Einschlagtabelle. — 1,80 M, Best.-Nr. 808 076 7

Heft 17: MÜLLER, K.-H.; GALL, H.; HENNIGER, H.: Probleme der Kartoffel-Resistenzzüchtung. 47 S. m. 5 Abb. — 2,00 M, Best.-Nr. 808 098 6

Heft 18: EHWALD, E.; LIEBEROTH, I.; SCHANECKE, W.: Zur Systematik der Böden der DDR, besonders im Hinblick auf die Bodenkartierung. 95 S. u. 3 Tab. — 2,00 M (vergriffen)

Heft 19: PIATKOWSKI, B.: Neue Erkenntnisse auf dem Gebiet der Ernährung junger Wiederkäuer. 20 S. m. 5 Abb. — 1,50 M, Best.-Nr. 808 123 3

Heft 20: LIEBENBERG, O.; SCHOLZ, K.: Probleme der Verhaltensforschung in der Tierzucht. 36 S. m. 6 Abb. — 1,80 M, Best.-Nr. 808 122 5

Heft 21: NEHRING, K.; SCHIEMANN, R.; HOFFMANN, L.; REICHL, J.; SKULMOWSKI, J.; GONDOS, M.; PALAMARU, E.; SAGHIN, F.; MAXIM, V,; WITCZAK, F.; MICH, W.; TANGL, H.; DENISOW, J.: Das Problem der Futterbewertung und Futterwerteinheit. VIII. 152 S. m. 6 Abb. — 2,00 M, Best.-Nr. 808 121 7

Band XVI, 1967

Heft 1: MARTIN, A.; VETTERLEIN, R.; JANK, H.; RUPPRECHT, H.; STAHN, B.: Probleme bei der Steigerung der Produktion im Zierpflanzenbau. 56 S. m. 10 Abb. — 2,00 M, Best.-Nr. 808 105 7

Heft 2: GEISSLER, Th.; BAUMANN, E.; BLASSE, W.; WINKLER, G.: Maßnahmen zur Erhaltung und Steigerung der Bodenfruchtbarkeit auf gärtnerisch genutzten Flächen unter Berücksichtigung der Kooperationsbeziehungen und Dienstleistungseinrichtungen. 91 S. m. 9 Abb. — 2,00 M, Best.-Nr. 808 082 0

Heft 3: SCHUMM, H.; RICHTER, K.; OTTO, E.; SCREMMER, H.: Zu Problemen der industriemäßigen Produktion unter Berücksichtigung der Kooperation und Verflechtung am Beispiel der Schweinefleischerzeugung. 39 S. m. 13 Abb. – 1,80 M, Best.-Nr. 808 003 8

Heft 4: KREIL, W.; KALTOFEN, H.: Fragen der Stickstoffdüngung des Graslandes. 56 S. m. 1 Abb. – 2,00 M, Best.-Nr. 808 099 4

Heft 5: HEY, A.: Probleme des chemischen Pflanzenschutzes bei der industriemäßigen Produktion in der Feldwirtschaft. 44 S. m. 7 Abb. – 1,80 M, Best.-Nr 808 084 7

Heft 6: SCHILLING, G.; BERGMANN, W.; BEER, K.; NEUBERT, P.; RICHTER, D.; WITTER, B.: Aktuelle Probleme der Pflanzenernährung. 55 S. – 2,00 M, Best.-Nr. 808 083 9

Heft 7: NEHRING, K.; SCHIEMANN, R.; HOFFMANN, L.; DMITROTSCHENKO, A. P.; CHUDY, A.; KIELANOWSKI, J.; SKULMOWSKI, J.; NESTEROVA, E. A.; REICHL, J.: Das Problem der Futterbewertung und Futterwerteinheit IX. 115 S. m. 4 Abb. – 2,00 M, Best.-Nr. 808 152 4

Heft 8: WITTER, B.: Untersuchungen über die Verbesserung des Nährstoffzustandes der Böden in Verbindung mit der Auswertung der Systematischen Bodenuntersuchung. 47 S. – 1,80 M, Best.-Nr. 808 154 0

Heft 9: NEHRING, K.; BOCK, H.-D.; WÜNSCHE, J.: Verbesserung der Eiweißversorgung der landwirtschaftlichen Nutztiere II. 155 S. – 2,00 M, Best.-Nr. 808 159 1

Heft 10: HANKE, P.: Prognose und Leitungsmodell in der Agrarwissenschaft. 24 S. m. 7 Abb. – 1,50 M, Best.-Nr. 808 004 6

Heft 11: STUBBE, H.: Über die deutsch-russisch-sowjetischen Wechselbeziehungen im Bereich der Naturwissenschaften, insbesondere der Biologie und Landwirtschaftswissenschaften. 31 S. – 1,80 M, Best.-Nr. 808 005 4

Band XVII, 1968

Heft 1: EHWALD, E.: Entwicklung und internationale Bedeutung der sowjetischen Bodenkunde. 45 S. – 3,60 M, Best.-Nr. 2141/17/1 · ES 22 D

Heft 2: LIEBEROTH, I.: Wichtige Bodenformen in den Mittel- und Nordbezirken der Deutschen Demokratischen Republik und das Problem ihrer landwirtschaftlichen Kennzeichnung. 27 S. – 3,00 M, Best.-Nr. 2141/17/2 · ES 22 D

Heft 3: BADEWITZ, S.: Operationsforschung in der Landwirtschaft. Möglichkeiten und Grenzen ihrer Anwendung. 29 S. – 2,40 M (vergriffen)

Heft 4: GROSCHOFF, K.; WIRSIG, H.; JANNERMANN, G.; GUSSEK, K.-D.: Fragen der sozialistischen Intensivierung der Landwirtschaft. I. 59 S. – 4,00 M (vergriffen)

Heft 5: TILLACK, R.; ANDERS, H.; KASTEN, A.: Fragen der sozialistischen Intensivierung der Landwirtschaft. II. 36 S. – 2,90 M, Best.-Nr. 2141/17/5 · ES 22 B

Heft 6: SCHIEMANN, R.; PLATIKANOV, N.; HOFFMANN, L.; DENISOV, N. I.; CHUDY, A.; JENTSCH, W.; DMITROČENKO, A. P.; SKULMOWSKI, J.; NEHRING, K.; KURELEC, V.; GONDOS, M.; PĂLĂMARU, E.; SAGHIN, F.; MAXIM, V.; NESTEROVA, E. A.: Das Problem der Futterbewertung und Futterwertmessung. X. 136 S. m. 5 Abb. – 11,50 M, Best.-Nr. 2141/17/6 · ES 22 H

Band XVIII, 1969

Heft 1: SCHILLING, G.: Neue Ergebnisse und Probleme der Pflanzenernährung in der Deutschen Demokratischen Republik. 25 S. – 2,60 M, Best.-Nr. 2141/18/1 · ES 22 D

Heft 2: FRANZ, P.; LINDENAU, H.; SCHWARZ, R.: Zum Begriff der Information und zur Ermittlung des Informationsbedarfs. 52 S. m. 1 Abb. – 4,00 M, Best.-Nr. 2141/18/2 · 20 K 5

Heft 3: LÜDDECKE, F.: Energiekonzentration und Energie- sowie Proteinleistung der wichtigsten Feldfrüchte auf den mittleren und besseren Bodenarten in den Nordbezirken der DDR. 28 S. – 2,90 M, Best.-Nr. 2141/18/3 · ES 22 H

Heft 4: Rudolf Schick in memoriam. 24 S. – 2,60 M, Best.-Nr. 2141/18/4 · ES 22 A

Band XIX, 1970

Heft 1: KALTOFEN, H.; VETTERLEIN, E.; UNGER, K.; KUNDLER, P.: Problematik der Modellierung der Ertragsbildung. 80 S. m. 13 Abb. – 7,00 M, Best.-Nr. 2141/19/1 · ES 22 D

Heft 2: GAMPE, W.; EHWALD, E.; EICH, D.; KOEPKE, V.; KUNDLER, P.; BERG, F.; KOLBITZ, K.; SCHLICHT, H.: Aufgaben der sozialistischen Intensivierung der Landwirtschaft. 71 S. m. 1 Abb. – 5.00 M, Best.-Nr. 2141/19/2 · ES 22 A, 22 B

Heft 3: BOCK, H.-D.; KREIENBRING, F.; WÜNSCHE, J.; HERRMANN, U.; PLATIKANOV, N.; ANGELOV, A.; KANEV, M.; PANAJOTOV, P.; ANGELOVA, L.; GAŽO, M.; GERGELYIOVÁ, V.; GROM, A.; KOČI, S.; PETRAŠ, G.; DOBÁLOVÁ, M.; KORELESKI, J.; TOMME, M. F.; MODJANOV, A. V.; MACHAEV, E. A.; CERSOVSKY, H.; SZEBIOTKO, K.; DAMIAN, C.; SZENTMIHÁLYI, A.: Verbesserung der Eiweißversorgung der landwirtschaftlichen Nutztiere. III. (In Vorbereitung)

Heft 4: SCHIEMANN, R.; HOFFMANN, L.; PLATIKANOV, B.; ČEŠMEDŽIEV, B.; ŽLATAREV, G.; KANEV, M.; PANA'OTOV, P.; PĂLAMARU, E.; SIRBU, M.; CONSTANTINESCU, E.; BERBECI, C.; JENTSCH, W.; WITTENBURG, H.; DMITROČENKO, A. P.; SANDEV, S., DARDŽONOV, T.; NEHRING, K.; HOFFMANN, B.; ZWIERZ, P.; SZENTMIHALYI, A.; TAŞCENCO, V.: Das Problem der Futterbewertung und der Futterwertmessung. XI. (In Vorbereitung)

Mit Band XIX, Heft 4, stellt diese Reihe ihr Erscheinen ein.

Berichte und Vorträge

VII/1968: 7. Festsitzung und Wissenschaftliche Tagung. 17. und 18. Oktober 1968 in Berlin. 175 S. m. 20 Abb.

Die Reihe hat ihr Erscheinen eingestellt.

Jahrbücher

+ Jahrbuch 1965/66. 356 S.
+ Jahrbuch 1967/68. 384 S.

Die Reihe hat ihr Erscheinen eingestellt.

Tagungsberichte

Nr. 71: Beiträge über neue Forschungsergebnisse in der Unkrautbekämpfung. Internationale wissenschaftliche Tagung der Biologischen Zentralanstalt Berlin der Deutschen Akademie der Landwirtschaftswissenschaften zu Berlin vom 29. Juni bis 3. Juli 1964 in Berlin. 1966. 181 S. m. 16 Abb. – 10,20 M, Best.-Nr. 808 060 1

Nr. 72: Fruchtfolgegestaltung unter Berücksichtigung der Konzentration und Spezialisierung der landwirtschaftlichen Produktion. Vorträge und Diskussionen zum internationalen Symposium des Instituts für Acker- und Pflanzenbau Müncheberg und der Arbeitsgemeinschaft „Fruchtfolgen" der Deutschen Akademie der Landwirtschaftswissenschaften zu Berlin vom 30. Juni bis 3. Juli 1964 in Müncheberg. 1966. 338 S. m. 109 Abb. – 31,40 M, Best.-Nr. 808 069 5

Nr. 73: Vorträge anläßlich der Tagung des Arbeitsausschusses für Zukkerrübenforschung der sozialistischen Länder vom 8. bis 10. September 1964 in Kleinwanzleben. 1966. 172 S. m. 23 Abb. — 11,50 M, Best.-Nr. 808 094 3

Nr. 74: Biochemische Probleme der kranken Pflanze. Vorträge eines Symposiums im Institut für Phytopathologie Aschersleben der Deutschen Akademie der Landwirtschaftswissenschaften zu Berlin vom 19. bis 21. August 1964. 1965. 348 S. m. 95 Abb. — 29,50 M, Best.-Nr. 808 063 6

Nr. 75: Aktuelle Probleme der Kiefernwirtschaft. Internationales Symposium des Instituts für Forstwissenschaften Eberswalde der Deutschen Akademie der Landwirtschaftswissenschaften zu Berlin vom 28. September bis 3. Oktober 1964 in Eberswalde. 1965. 716 S. m. 300 Abb. — 60,00 M, Best.-Nr. 808 113 7

Nr. 76: Chemie in der Landwirtschaft. Vorträge einer wissenschaftlichen Sektionstagung vom 8. bis 10. März 1965 im Rahmen des wissenschaftlichen Kongresses anläßlich der Jubiläumsmesse „800 Jahre Leipziger Messe“ vom 6. bis 11. März 1965 in Leipzig, veranstaltet vom Forschungsrat der Deutschen Demokratischen Republik und der Kammer der Technik. 1967. 311 S. m. 56 Abb. — 18,15 M, Best.-Nr. 808 085 5

Nr. 77: Probleme der Masthuhnzüchtung und Broilerproduktion. Internationales Symposium des Instituts für Geflügelzucht Rottenau der Deutschen Akademie der Landwirtschaftswissenschaften zu Berlin vom 13. bis 15. Oktober 1964 in Magdeburg und Rottenau. 1966. 132 S. m. 26 Abb. — 9,00 M, Best.-Nr. 808 130 5

Nr. 78: Beiträge zur Jagd- und Wildforschung IV. Vorträge der 11. Tagung der Arbeitsgemeinschaft für Jagd- und Wildforschung am 8. und 9. Januar 1965 in Gatersleben. 1965. 180 S. m. 96 Abb. — 7,90 M (vergriffen)

Nr. 79: Untersuchungen zum Problem der Ertragsrelationen zwischen einigen landwirtschaftlichen Fruchtarten in Abhängigkeit von den Standortbedingungen. Vorträge aus den Sitzungen der Sektion Acker- und Pflanzenbau sowie Pflanzenschutz der Deutschen Akademie der Landwirtschaftswissenschaften zu Berlin am 8. Oktober und 12. November 1964. 1966. 102 S. m. 7 Abb. u. 4 Einschlagtaf. — 8,35 M, Best.-Nr. 808 062 8

Nr. 80: Bericht über die 10. Wanderversammlung Deutscher Entomologen, 15. bis 19. September 1965 in Dresden. 1971, 624 S. — ca. 65,00 M, Best.-Nr. 808 169 8

Nr. 81: Probleme der Fleckviehzucht. Vorträge der I. Internationalen Fachtagung des Instituts für Tierzucht und Tierhaltung Clausberg der Deutschen Akademie der Landwirtschaftswissenschaften zu Berlin und der VVB Tierzucht Paretz vom 28. September bis 1. Oktober 1965 in Eisenach. 1966. 132 S. m. 45 Abb. — 12,35 M, Best.-Nr. 808 120 9

Nr. 82: Wissenschaftliche Veranstaltungen der Deutschen Akademie der Landwirtschaftswissenschaften zu Berlin anläßlich der 13. Landwirtschaftsausstellung der DDR vom 2. bis 6. Juli 1965 in Leipzig.

Teil I: Wissenschaftliche Tagung und Arbeitskreis Agrarökonomik. 1966. 138 S. m. 20 Abb. – 7,35 M, Best.-Nr. 808 064 4

Teil II: Arbeitskreis Ertragsbildung und Arbeitskreis Bodenfruchtbarkeit. 1966. 348 S. m. 127 Abb. – 15,75 M, Best.-Nr. 808 070 8

Teil III: Arbeitskreis Viehwirtschaft. 1966. 196 S. m. 38 Abb. – 8,90 M, Best.-Nr. 808 071 6

Nr. 83: Ökonomisch-mathematische Methoden in der Landwirtschaft. Vorträge des III. Wissenschaftlichen Symposiums zur Anwendung ökonomisch-mathematischer Methoden und der modernen Rechentechnik in der Landwirtschaft der sozialistischen Länder im Institut für Agrarökonomik Neetzow der Deutschen Akademie der Landwirtschaftswissenschaften zu Berlin vom 25. bis 30. Oktober 1965. 1966. 255 S. m. 5 Abb. – 12,30 M, Best.-Nr. 808 031 0

Nr. 84: Ernährung und Düngung der Fichte. Vorträge der Tagung der Arbeitsgemeinschaft Forstdüngung und -melioration der Sektion Forstwesen der Deutschen Akademie der Landwirtschaftswissenschaften zu Berlin vom 4. bis 6. Oktober 1965 in Tharandt anläßlich des 75. Geburtstages von Prof. (em.) H. F. SACHSSE. 1968. 401 S. m. 148 Abb. – 41,60 M (vergriffen)

Nr. 85: Mineralstoffversorgung von Pflanze und Tier. Vorträge eines internationalen Symposiums des Instituts für Pflanzenernährung Jena der Deutschen Akademie der Landwirtschaftswissenschaften zu Berlin und des Instituts für Tierernährung der Friedrich-Schiller-Universität Jena vom 8. bis 13. November 1965 in Jena. 1966. 504 S. m. 137 Abb. – 32,75 M, Best.-Nr. 808 075 9

Nr. 86: Probleme der Feldversuchsmethodik. Vorträge eines Symposiums im Institut für Saatgut und Ackerbau Halle-Lauchstädt der Deutschen Akademie der Landwirtschaftswissenschaften zu Berlin vom 5. bis 9. Juli 1965. 1967. 182 S. m. 26 Abb. – 15.00 M, Best.-Nr. 808 032 9

Nr. 87: Regressionsanalyse und ihre Anwendung in der Agrarwissenschaft. Vorträge des 2. Biometrischen Seminars für die wissenschaftlichen Mitarbeiter der Deutschen Akademie der Landwirtschaftswissenschaften zu Berlin im März 1965. 1967. 185 S. m. 22 Abb. – 10.30 M, Best.-Nr. 808 080 4

Nr. 88: Probleme der Gewächshausleichtbauweise aus Plastwerkstoffen. Vorträge, gehalten auf der Internationalen wissenschaftlichen Tagung aus Anlaß des 40jährigen Bestehens der Forschungsstätte für Gemüsebau Großbeeren der Deutschen Akademie der Landwirtschaftswissenschaften zu Berlin vom 2. bis 5. November 1965 in Berlin. 1968. 235 S. m. 83 Abb. — 14,50 M, Best.-Nr. 808 106 5

Nr. 89: Probleme der Züchtung monokarper Zuckerrüben. Vorträge anläßlich des Internationalen Symposiums des Instituts für Rübenforschung Kleinwanzleben der Deutschen Akademie der Landwirtschaftswissenschaften zu Berlin vom 12. bis 15. Juli 1966 in Leipzig. Bd. 1 u. 2. 1967. 346 S. m. 43 Abb. — 15,70 M, Best.-Nr. 808 097 8

Nr. 90: Beiträge zur Jagd- und Wildforschung V. Vorträge der 12. Tagung der Arbeitsgemeinschaft für Jagd- und Wildforschung anläßlich ihres zehnjährigen Bestehens vom 12. bis 15. Januar 1966 in Gatersleben. 1966. 236 S. m. 42 Abb. — 13,85 M (vergriffen)

Nr. 91: Vorträge der Wissenschaftlichen Jahrestagung 1966 des Instituts für Mechanisierung der Landwirtschaft Potsdam-Bornim der Deutschen Akademie der Landwirtschaftswissenschaften zu Berlin. 1967. 106 S. m. 78 Abb. — 10,70 M, Best.-Nr. 808 128 4

Nr. 92: Die naturwissenschaftlichen Grundlagen der Silierung. Vorträge und Diskussionen eines internationalen Symposiums im Oskar-Kellner-Institut für Tierernährung Rostock der Deutschen Akademie der Landwirtschaftswissenschaften zu Berlin vom 26. bis 28. 9. 1966. 1967. 312 S. m. 67 Abb. — 26,75 M, Best.-Nr. 808 129 2

Nr. 93: Über die Rolle des Wassers als ertragsteigernder Faktor im Obstbau. Internationales Kolloquium des Instituts für Obstbau Dresden-Pillnitz der Deutschen Akademie der Landwirtschaftswissenschaften zu Berlin anläßlich der iga in Erfurt vom 3. bis 5. Oktober 1966. 1967. 128 S. m. 62 Abb. — 11,20 M, Best.-Nr. 808 086 3

Nr. 94: Zur Stickstoffdüngung der Weiden — Ergebnisse koordiniert durchgeführter Versuche. Vorträge und Auswertung der internationalen wissenschaftlichen Tagung im Institut für Grünland- und Moorforschung Paulinenaue der Deutschen Akademie der Landwirtschaftswissenschaften zu Berlin vom 1. bis 4. Juni 1965. 1968. 191 S. m. 14 Abb. — 9,15 M, Best.-Nr. 808 100 6

Nr. 95: Züchtung und Anbau von Feldfutterpflanzen. Wissenschaftliche Vortragstagung des Instituts für Pflanzenzüchtung Bernburg der Deutschen Akademie der Landwirtschaftswissenschaften zu Berlin am 1. und 2. Dezember 1966 in Bernburg. 1967. 282 S. m. 67 Abb. — 21,60 M, Best.-Nr. 808 157 5

Nr. 96: Anwendung neuer Erkenntnisse der Züchtungsforschung in der Obstzüchtung. Internationale Arbeitstagung des Instituts für Acker- und Pflanzenbau Müncheberg, Abteilung Obstzüchtung, der Deutschen Akademie der Landwirtschaftswissenschaften zu Berlin vom 6. bis 9. September 1966. 1969. 210 S. m. 64 Abb. – 19,10 M, Best.-Nr. 808 155 9

Nr. 97: VII. Europäisches Symposium über Viruskrankheiten der Obstbäume. Vorträge und Diskussionen eines Symposiums im Institut für Phytopathologie Aschersleben der Deutschen Akademie der Landwirtschaftswissenschaften zu Berlin vom 10. bis 16. Juli 1967. 1968. 346 S. m. 130 Abb. – 43,60 M, Best.-Nr. 808 153 2

Nr. 98: Mineralisation der Zellulose. Vorträge und Diskussion anläßlich des internationalen Symposiums des Instituts für Grünland- und Moorforschung Paulinenaue der Deutschen Akademie der Landwirtschaftswissenschaften zu Berlin und des Instituts für Bodenkunde und Mikrobiologie der Karl-Marx-Universität Leipzig vom 24. bis 26. April 1967 in Jena. 1968. 296 S. m. 86 Abb. – 35,40 M, Best.-Nr. 808 150 8

Nr. 99: Physiologische Probleme im Obstbau. Vorträge der 3. Internationalen Arbeitstagung des Instituts für Obstbau Dresden-Pillnitz der Deutschen Akademie der Landwirtschaftswissenschaften zu Berlin vom 8. bis 12. Mai 1967. 1970. 344 S. m. 138 Abb. – 52,40 M, Best.-Nr. 808 160 4

Nr. 100: Klimaresistenz, Photosynthese und Stoffproduktion. Vorträge und Diskussionen des 1. Internationalen Baumphysiologen-Symposiums, Institut für Forstwissenschaften Eberswalde, Abteilung Forstpflanzenphysiologie, Bereich Forstpflanzenzüchtung Graupa, vom 17. bis 19. Mai in Graupa. 1968. 256 S. m. 98 Abb. – 32,00 M, Best.-Nr. 808 158 3

Nr. 101: Die Bedeutung der Polyploide für die Evolution und die Pflanzenzüchtung. Vorträge des I. Internationalen Symposiums über Phylogenetik bei Kulturpflanzen im Institut für Pflanzenzüchtung Quedlinburg der Deutschen Akademie der Landwirtschaftswissenschaften zu Berlin vom 11. bis 15. September 1967. 1970. 320 S. m. 129 Abb. – 54,20 M, Best.-Nr. 808 161 2

Nr. 102: Beiträge zur Bodensystematik unter besonderer Berücksichtigung reliktischer und rezenter Merkmale. Vorträge und Diskussion des Internationalen Bodenkundlichen Symposiums des Instituts für Bodenkunde Eberswalde der Deutschen Akademie der Landwirtschaftswissenschaften zu Berlin vom 10. bis 15. Oktober 1967. 1970. 329 S. m. 51 Abb. – 45,00 M, Best.-Nr. 808 162 0

Nr. 103: Probleme der forstlichen Pflanzenernährung und Düngung. Vorträge einer Tagung der Arbeitsgemeinschaft Forstdüngung und -melioration der Sektion Forstwesen der Deutschen Akademie der Landwirtschaftswissenschaften zu Berlin vom 12. bis 14. September 1967 in Graupa. 1970. 221 S. m. 69 Abb. — 33,10 M, Best.-Nr. 808 163 9

Nr. 104: Beiträge zur Jagd- und Wildforschung VI. Vorträge der 13. Tagung der Arbeitsgemeinschaft für Jagd- und Wildforschung vom 11. bis 14. Januar 1968 in Gatersleben. 1968. 217 S. m. 72 Abb. — 15,00 M, Best.-Nr. 808 134 8

Nr. 105: Probleme der Information und Dokumentation in der Landwirtschaft. Vorträge eines Internationalen Symposiums des Instituts für Landwirtschaftliche Information und Dokumentation Berlin der Deutschen Akademie der Landwirtschaftswissenschaften zu Berlin vom 20. bis 23. Mai 1968. 1970. 229 S. m. 4 Abb. — 29,70 M, Best.-Nr. 808 164 7

Nr. 106: Rationelle Gestaltung der Verwertung von Abwässern und Abwasserschlamm in der sozialistischen Landwirtschaft. Vorträge eines Internationalen Symposiums der Deutschen Akademie der Landwirtschaftswissenschaften zu Berlin und der Kammer der Technik am 28. und 29. Mai 1968. 1970. 254 S. m. 70 Abb. — 35,20 M, Best.-Nr. 808 165 5

Nr. 107: Internationale Gemeinschaftsversuche zur Krumenvertiefung. Zusammenfassende Auswertung der Ergebnisse der Jahre 1959/60 bis 1966, beschlossen anläßlich der IV. Koordinierungsberatung zu Problemen der Grundbodenbearbeitung vom 20. 6. bis 21. 6. 1966 in Brno. 1970. 391 S. m. 7 Abb. — 57,30 M, Best.-Nr. 808 166 3

Nr. 108: Die geschichtsverändernde Rolle der Großen Sozialistischen Oktoberrevolution und ihre Auswirkung auf die Entwicklung der Gartenbauwissenschaft. Internationales Symposium der Sektion Gemüse-, Obst- und Zierpflanzenbau der Deutschen Akademie der Landwirtschaftswissenschaften zu Berlin und der Sektion Gartenbau der Humboldt-Universität zu Berlin am 24. November 1967 in Berlin. 1970. 91 S. — 11,65 M, Best.-Nr. 808 167 1

Nr. 109: Beiträge zur Erforschung der Aufnahme, der Weiterleitung und des Metabolismus der wichtigsten neuen Herbizide in den Pflanzen. Vorträge eines Internationalen Symposiums der Biologischen Zentralanstalt Berlin der Deutschen Akademie der Landwirtschaftswissenschaften zu Berlin vom 26. bis 31. Mai 1968 in Berlin. 1970. 302 S. m. 111 Abb. — 42,30 M, Best.-Nr. 808 170 0

Nr. 110: Biologische Bekämpfungsmethoden von Forstschädlingen. Vorträge einer Koordinierungsberatung im Deutschen Entomologischen Institut Eberswalde der Deutschen Akademie der Landwirtschaftswissenschaften zu Berlin vom 11. bis 15. November 1968. 1970. 202 S. m. 18 Abb. — 25,40 M, Best.-Nr. 808 171 9

Nr. 111: Züchtungsforschung und Produktion von Feldfutterpflanzen. II. Wissenschaftliche Vortragstagung im Institut für Getreide- und Futterpflanzenforschung Bernburg-Hadmersleben der Deutschen Akademie der Landwirtschaftswissenschaften zu Berlin am 30. und 31. Januar 1969. 1970. 135 S. m. 21 Abb. — 18,60 M, Best.-Nr. 808 177 8

Nr. 112: Ernährung und Düngung von Koniferen im Mittelgebirge und Hügelland. Vorträge einer Tagung der Arbeitsgemeinschaft Forstdüngung und -melioration der Deutschen Akademie der Landwirtschaftswissenschaften zu Berlin am 17. und 18. September 1969 in Suhl. 1970. 183 S. m. 67 Abb. — 28,50 M, Best.-Nr. 808 173 5

Nr. 113: Beiträge zur Jagd- und Wildforschung VII. Vorträge der 14. Tagung der Arbeitsgemeinschaft für Jagd- und Wildforschung der Deutschen Akademie der Landwirtschaftswissenschaften zu Berlin vom 16. bis 18. Januar 1970 in Althüttendorf. 1971. 360 S. m. 56 Abb. u. 35 Abb. auf 20 Taf. — 20,80 M, Best.-Nr. 808 174 3

Nr. 114: Probleme der Physiologie der Ertragsbildung im Gemüsebau. Vorträge, gehalten auf der 11. Koordinierungstagung der Partnerinstitute zum Problem „Anbau von Gemüse" im Rahmen der Konferenzen zur Koordinierung der wissenschaftlichen Forschungen auf dem Gebiet der Land- und Forstwirtschaft der sozialistischen Länder vom 2. bis 6. September 1969 in Großbeeren. 1971 (In Vorbereitung)

Nr. 115: Probleme der pflanzlichen Virusforschung und der Erforschung pflanzenpathogener Mikroorganismen. Vorträge eines Symposiums im Institut für Phytopathologie Aschersleben der Deutschen Akademie der Landwirtschaftswissenschaften zu Berlin vom 18. bis 20. Juni 1970. 1971 (In Vorbereitung)

Nr. 116: Aktuelle Probleme der Bodenfruchtbarkeit. Wissenschaftliches Symposium der Zweigstelle Bad Lauchstädt des Instituts für Acker- und Pflanzenbau Müncheberg der Deutschen Akademie der Landwirtschaftswissenschaften zu Berlin am 9. und 10. Juli 1970 in Bad Lauchstädt. 1971 (In Vorbereitung)

Nr. 117: Aktuelle Probleme der Forschung zur Schweinedysenterie. Vorträge des Symposiums im Institut für Bakterielle Tierseuchenforschung Jena der Deutschen Akademie der Landwirtschaftswissenschaften zu Berlin am 23. Oktober 1970 in Jena. (In Vorbereitung)

Nr. 118: Qualität der Erzeugnisse als gemeinsame Aufgabe der Tierproduktion und Nahrungsgüterwirtschaft. Vorträge einer gemeinsamen Beratung der Bereichskommissionen Tierproduktion und Nahrungsgüterwirtschaft der Deutschen Akademie der Landwirtschaftswissenschaften zu Berlin am 20. November 1970 in Berlin. (In Vorbereitung)

Wissenschaftliche Abhandlungen

Nr. 57: PILZ, J.: Blutgruppen des Rindes und ihre praktische Bedeutung für die Rinderzucht. 1966. 53 S. – 4,80 M, Best.-Nr. 2068/57 · ES 22 H/17 F 1/17 U 4

Nr. 58: BRAASCH, H.: Methodische Untersuchungen zum Nachweis von Attraktiv- und Repellenteffekten verschiedener Pflanzenschutzmittel auf Insekten. 1969. 146 S. – 22,00 M, Best.-Nr. 2068/58 · ES 22 F

Nr. 59: STELLTER, H.: Der Kartoffelnematode (*Heterodera rostochiensis* Wollenweber). Eine Monographie an Hand der Literatur und eigener experimenteller Arbeiten. 1971, 290 S. – 50,00 M, Best.-Nr. 2068/59 · ES 17 F, EDV-Nr. 761 404 2

+ Beiträge zur Geschichte der Landwirtschaftswissenschaften

Nr. 3: REINHOLD, J.: 40 Jahre Forschungsstätte für den Gemüsebau Großbeeren. 1967. 88 S. m. 43 Abb.

Handbücherei des Genossenschaftsbauern

Produktion von Futter. (in Vorbereitung) Best.-Nr. 558 409 7

Produktion von Getreide. 1966. 224 S. m. 45 Abb. – 8,00 M (vergriffen)

Produktion von Getreide. 2. Aufl. 1971. 240 S. m. 48 Abb. – 8,00 M, Best.-Nr. 558 326 2

Produktion von Kartoffeln. 1968. 256 S. m. 71 Abb. – 9,00 M (vergriffen)

Produktion von Kartoffeln. 2. Aufl. (in Vorbereitung) Best.-Nr. 558 323 8

Produktion von Öl- und Faserpflanzen. 1969. 208 S. m. 40 Abb. – 8,00 M, Best.-Nr. 558 253 4

Produktion von Zuckerrüben. 1966. 206 S. m. 66 Abb. – 8,00 M (vergriffen)

Produktion von Zuckerrüben. 2. Aufl. 1971. 208 S. m. 45 Abb. – 8,00 M, Best.-Nr. 558 321 1

Produktion von Eiern und Broilern. 1966. 183 S. m. 65 Abb. – 7,00 M (vergriffen)

Produktion von Eiern und Broilern. 2. Aufl. 1970. 223 S. m. 62 Abb. – 7,00 M, Best.-Nr. 558 274 5

Produktion von Milch. 1967. 216 S. m. 54 Abb. – 8,00 M (vergriffen)

Produktion von Milch. 2. Aufl. 1970. 240 S. m. 67 Abb. 77 Tab. – 8,00 M, Best.-Nr. 558 199 6

Produktion von Rindern (Aufzucht). 1967. 208 S. m. 46 Abb. – 8,00 M (vergriffen)

Produktion von Rindern (Aufzucht). 2. Aufl. (in Vorbereitung) Best.-Nr. 558 201 6

Produktion von Rindern (Mast). 1967. 187 S. m. 18 Abb. – 7,00 M (vergriffen)

Produktion von Rindern (Mast). 2. Aufl. (in Vorbereitung) Best.-Nr. 558 202 4

Produktion von Schafen und Wolle. 1967. 189 S. m. 58 Abb. – 7,00 M (vergriffen)

Produktion von Schafen und Wolle. 2. Aufl. (in Vorbereitung) Best.-Nr. 558 207 5

Produktion von Schweinen. 1966. 227 S. m. 59 Abb. – 8,00 M (vergriffen)

Produktion von Schweinen. 3. Aufl. 1971. 263 S. m. 70 Abb., zahlr. Tab. – 8,00 M, Best.-Nr. 558 209 1

Entwicklung und Bewirtschaftung des Genossenschaftswaldes. 1968. 200 S. m. 27 Abb. – 7,00 M, Best.- Nr. 558 179 3

Information, Rechnungsführung, Statistik und Analyse in LPG und VEG. (in Vorbereitung) Best.-Nr. 558 317 4

Planung und Vertragsbeziehungen der sozialistischen Landwirtschaftsbetriebe. 1970. 194 S. m. 21 Abb., 32 Tab. – 7,00 M, Best.-Nr. 558 385 2

+ Informationen zur Ökonomik der Agrarwissenschaft

Nr. 1/1968: HANKE, P.: Notwendigkeit (Begründung) einer Wissenschaftskunde in der Agrarforschung. 18 S. m. 2 Abb.

Nr. 2/1968: POLSFUSS, W.: Die Entwicklung komplexer Forschungen über die Wissenschaft und die Rolle der Wissenschaftsökonomik im Bereich der Agrarwissenschaft. 13 S.

Nr. 3/1968: KOHL, M.: Erste Erfahrungen aus der Einführung der wirtschaftlichen Rechnungsführung in den Instituten der Deutschen Akademie der Landwirtschaftswissenschaften zu Berlin. 19 S.

Nr. 4/1968: HANKE, P.; KIESEWETTER, K.: Entscheidungskriterien und -flußbilder für Forschungsaufgaben auf dem Gebiet der landwirtschaftlichen Produktion und der Nahrungsgüterwirtschaft. 51 S. m. 8 Abb.

Nr. 5/1968: DYHRENFURTH, K.; HANKE, P.: Zur Bedeutung einer modernen sozialistischen Wissenschaftsorganisation in der Deutschen Akademie der Landwirtschaftswissenschaften zu Berlin. 35 S.

Nr. 1/1969: POLSFUSS, W.: Einige Probleme der Arbeitsteilung und Kooperation in der Agrarforschung. 14 S.

Nr. 2/1969: HANDTKE, H.: Ökonomische Probleme der erzeugnisorientierten Agrarforschung. 28 S.

Nr. 3/1969: KÜNKEL, K.: Über einige Probleme bei der Gestaltung eines Leitungssystems unter Berücksichtigung der Beziehungen zwischen Forschungszentrum und Forschungsschwerpunkt. 36 S. und 17 Darstellungen

Nr. 4/1969: KIESEWETTER, K.: Zur Anwendung von Entscheidungskriterien und -flußbildern in einem Forschungsschwerpunkt der Agrarwissenschaft. 17 S.

Nr. 5/1969: WALOSZCZYK, K.: Beitrag der Informationsstelle eines Institutes zur Entscheidungsfindung über Forschungsaufgaben durch zielgerichtete Informationen. 46 S.

+ **Mitteilungen des Instituts für Operationsforschung und Elektronische Datenverarbeitung**

1968 ein Heft
1969 ein Heft, 1,50 M
1970 ein Heft, 2,00 M

Weitere Hefte für 1971 in Vorbereitung (ca. 2,00 M)

Folgende Reihen erscheinen in Zusammenarbeit mit den Naturschutzverwaltungen bei den Räten der Bezirke:

+ **Naturschutzarbeit in Berlin und Brandenburg**
1971 erscheint der 7. Jahrgang

+ **Naturschutzarbeit in Mecklenburg**
1971 erscheint der 14. Jahrgang

+ **Naturschutzarbeit und naturkundliche Heimatforschung in den Bezirken Halle und Magdeburg**
1971 erscheint der 8. Jahrgang

+ **Naturschutzarbeit und naturkundliche Heimatforschung in Sachsen**
1971 erscheint der 13. Jahrgang

+ **Landschaftspflege und Naturschutz in Thüringen**
1971 erscheint der 7. Jahrgang

II. EINZELVERÖFFENTLICHUNGEN

+ Sortiment wilder und kultivierter Kartoffelspecies des Instituts für Pflanzenzüchtung Groß-Lüsewitz (G-LKS)
  Teil 1: Index. 1966. 263 S.
  Teil 2: Untersuchungsergebnisse. 1968. 244 S.

Index litteraturae entomologicae. Band III M-R. 1968. 528 S. – 55,00 M

Index litteraturae entomologicae. Band IV S-Z. (In Vorbereitung)

+ Arbeitsrichtlinie zur Durchführung der standortkundlichen Ergänzung der Bodenschätzung. 1967. 50 S.

+ Verfahrensübersicht Biometrie und Rechentechnik (Autorenkollektiv). 1967. 48 S

+ Vorträge. Ökonomische Probleme der Agrarwissenschaft. Symposium des Lehrstuhls Politische Ökonomie – Fachrichtung Landwirtschaft – des Instituts für Gesellschaftswissenschaften beim ZK der SED und der Kommission „Ökonomik der Agrarwissenschaft" beim Präsidium der Deutschen Akademie der Landwirtschaftswissenschaften zu Berlin am 21./22. März 1967 in Berlin. 1967. 115 S. m. 5 Abb.

+ Vorträge zur Festlichen Sitzung anläßlich der Investitur des Präsidenten und des Präsidiums der Deutschen Akademie der Landwirtschaftswissenschaften am 31. Mai 1968 in Berlin. 1968. 71 S.

+ Vorträge. Plenartagung der Deutschen Akademie der Landwirtschaftswissenschaften zu Berlin. 19. April 1968 in Neuholland. 1968. 54 S.

+ Vorträge. Plenartagung der Deutschen Akademie der Landwirtschaftswissenschaften zu Berlin. 15. November 1968 in Berlin. 1968. 44 S.

+ Grundkonzeption zum Perspektivplan der Agrarforschung 1971–1975. Referat des Präsidenten Prof. Dr. E. Rübensam auf der Plenarsitzung der Deutschen Akademie der Landwirtschaftswissenschaften zu Berlin am 20. 6. 1969 in Berlin. 1969. 31 S.

+ Festrede des Präsidenten Prof. Dr. E. Rübensam auf der Festveranstaltung der Deutschen Akademie der Landwirtschaftswissenschaften zu Berlin anläßlich des 20. Jahrestages der Deutschen Demokratischen Republik am 19. September 1969. 1969. 25 S.

Der Statische Versuch Lauchstädt in sieben Jahrzehnten. Forschungen zur Bodenfruchtbarkeit. Aus Anlaß des 75jährigen Bestehens der Forschungseinrichtung in Bad Lauchstädt erarbeitet von einem Autorenkollektiv des Instituts für Acker- und Pflanzenbau Müncheberg, Zweigstelle Bad Lauchstädt, der Deutschen Akademie der Landwirtschaftswissenschaften zu Berlin. 1970. 192 S. m. 28 Abb. – 26,60 M, Best.-Nr. 808 175 1

III. ARCHIVE UND ZEITSCHRIFTEN

Beiträge zur Entomologie (Chefredakteur: Dr. G. MORGE). 1971 erscheint der 21. Band, je Doppelheft 10,00 M (jährlich 4 Doppelhefte)

Zeitschrift für Fischerei NF (Chefredakteur: Prof. Dr. Dr. h. c. H. H. WUNDSCH). Die Zeitschrift hat ihr Erscheinen mit Band 18, 1970, eingestellt.

Archiv für Forstwesen (Chefredakteur: Prof. Dr. E. WAGENKNECHT). 1971 erscheint der 20. Band, je Heft 5,00 M (jährlich 12 Hefte). Mit Heft 2, Band 20, 1971, stellt die Zeitschrift ihr Erscheinen ein.

Archiv für Gartenbau (Chefredakteur: Prof. Dr. Dr. h. c. G. FRIEDRICH). 1971 erscheint der 19. Band, je Heft 5,00 M (jährlich 8 Hefte)

Archiv für Geflügelzucht und Kleintierkunde (Chefredakteur: Prof. Dr. J. ENGELHARD). 1971 erscheint der 20. Band, je Heft 5,00 M (jährlich 6 Hefte). Mit Heft 1, Band 20, 1971, stellt die Zeitschrift ihr Erscheinen ein.

Archiv für Bodenfruchtbarkeit und Pflanzenproduktion (hervorgegangen aus „Albrecht-Thaer-Archiv“ und „Zeitschrift für Landeskultur“) (Chefredakteur: Prof. Dr. E. EHWALD). 1971 erscheint der 15. Band, je Heft 5,00 M (jährlich 12 Hefte). Erscheint ab Heft 7, Band 15, 1971, unter dem neuen Titel „Acker- und Pflanzenbau und Bodenkunde“

Archiv für Tierzucht (Chefredakteur: Prof. Dr. Dr. h. c. W. STAHL). 1971 erscheint der 14. Band, je Heft 5,00 M (jährlich 6 Hefte)

Archiv für Landtechnik (Chefredakteur: Prof. Dr.-Ing. H. HEYDE). Die Zeitschrift hat ihr Erscheinen mit Band 8, 1969, eingestellt.

Archiv für Naturschutz und Landschaftsforschung (Chefredakteur: Prof. Dr. H. MEUSEL). 1971 erscheint der 11. Band, je Heft 5,00 M (jährlich 4 Hefte)

Archiv für Pflanzenschutz (Chefredakteur: Prof. Dr. A. HEY). 1971 erscheint der 7. Band, je Heft 5,00 M (jährlich 6 Hefte)

Archiv für Züchtungsforschung (Chefredakteur: Prof. Dr. J. DEHNE). 1971 erscheint der 1. Band, je Heft 12,00 M (jährlich 4 Hefte)

Der Deutsche Gartenbau (Chefredakteur: Prof. Dr. J. DEHNE). 1971 erscheint der 18. Jahrgang, je Heft 1,50 M (monatlich 1 Heft). Wird ab Heft 7, Band 18, 1971, mit Zeitschrift „Obstbau“ zusammengelegt und erscheint unter dem neuen Titel „Gartenbau — Zeitschrift für den Gemüsebau, Obstbau und Zierpflanzenbau der DDR“

Obstbau (Ausgabe der Zeitschrift „Der Deutsche Gartenbau“. Fachzeitschrift für Obstbau, Weinbau und Baumschule) (Chefredakteur: Prof. Dr. Dr. h. c. G. FRIEDRICH). 1971 erscheint der 11. Jahrgang, je Heft 1,00 M (monatlich 1 Heft). Wird ab Heft 7, Band 11, 1971, mit Zeitschrift „Der Deutsche Gartenbau“ zusammengelegt und erscheint unter dem neuen Titel „Gartenbau — Zeitschrift für den Gemüsebau, Obstbau und Zierpflanzenbau der DDR“

Nachrichtenblatt für den Pflanzenschutzdienst in der DDR (Chefredakteur: Prof. Dr. A. HEY). 1971 erscheint der 25. Jahrgang, je Heft 2,00 M (monatlich 1 Heft)

Feldwirtschaft (Chefredakteur: Prof. Dr. Hg. STEIKHARDT). 1971 erscheint der 12. Jahrgang, je Heft 1,50 M (monatlich 1 Heft)

Tierzucht (Fachzeitschrift für Tierproduktion) (Chefredakteur: Prof. Dr. O. LIEBENBERG). 1971 erscheint der 25. Jahrgang, je Heft 1,50 M (monatlich 1 Heft)

Mitteilungsblatt Standardisierung Landwirtschaft und Nahrungsgüterwirtschaft (Chefredakteur: Dr. H. LINDNER). 1971 erscheint der 10. Jahrgang, je Heft 2,00 M (jedes Quartal 1 Heft)

IV. SONSTIGE VERÖFFENTLICHUNGEN

+ Mitteilungen und Beschlüsse. Deutsche Akademie der Landwirtschaftswissenschaften zu Berlin. ca. 12 S.
Erscheint alle 2 Monate

Pflanzenschutzmittelverzeichnis. Deutsche Akademie der Landwirtschaftswissenschaften zu Berlin, Biologische Zentralanstalt Berlin. ca. 80 S.
Erscheint ab 1970 zweijährlich, etwa 2,80 M

+ Merkblätter der Arbeitsgemeinschaft für Jagd- und Wildforschung
Nr. 23: BRIEDERMANN, L.: Die Schwarzwildbewirtschaftung in Theorie und Praxis. (vergriffen)
Nr. 24: SIEFKE, A.: Richtlinien für die Wildmarkierung.
Nr. 25: NEUMANN, A.: Bewirtschaftung einer Rotwildpopulation.
Nr. 26: MEHLITZ, S.: Die Bewirtschaftung des Damwildes.

+ Flugblätter der Biologischen Zentralanstalt Berlin der Deutschen Akademie der Landwirtschaftswissenschaften zu Berlin
Nr. 37: JACOB, M.; NEUHAUS, W.; KÜHNEL, W.: Hinweise zur Verhinderung der Einschleppung und Ausbreitung des Weißen Rostes und der *Ascochyta*-Krankheit der Chrysantheme sowie des Pelargonienrostes.

+ Prüfberichte. Staatliches Komitee für Landtechnik und materiell-technische Versorgung der Landwirtschaft, Zentrale Prüfstelle für Landtechnik Potsdam-Bornim. Jährlich ca. 40 Berichte

V. PUBLIKATIONEN DES INSTITUTS FÜR LANDWIRTSCHAFTLICHE INFORMATION UND DOKUMENTATION BERLIN

Landwirtschaftliches Zentralblatt

Abteilung I, Landtechnik. Jährlich 9 Hefte, 180,00 M; einseitig bedruckt 216,00 M. 1971 erscheint der 17. Jahrgang

Abteilung II, Pflanzliche Produktion. Jährlich 12 Hefte, 240,00 M; einseitig bedruckt 288,00 M. 1971 erscheint der 16. Jahrgang

Abteilung III, Tierzucht — Tierernährung — Fischerei. Jährlich 12 Hefte, 240,00 M; einseitig bedruckt 288,00 M. 1971 erscheint der 16. Jahrgang

Abteilung IV, Veterinärmedizin. Jährlich 12 Hefte, 240,00 M; einseitig bedruckt 288,00 M. 1971 erscheint der 16. Jahrgang

Dokumentationsdienst Agrarökonomik

Jährlich 12 Lieferungen, je Lieferung etwa 150 Karten A 6, 1971 erscheint der 11. Jahrgang; 15,00 M je Reihe, 18,00 M je Satz

Literaturinformation
Planung, Leitung und Ökonomik der Landwirtschaft und Nahrungsgüterwirtschaft

Gemeinschaftsarbeit zwischen dem Institut für Landwirtschaftliche Information und Dokumentation Berlin, der Hochschule für Landwirtschafts- und Nahrungsgüterwirtschaft Bernburg, der Hochschule für Landwirtschaftliche Produktionsgenossenschaften Meißen, dem Institut für Agrarökonomik Neetzow der DAL und dem Institut für Landwirtschaftliche Betriebs- und Arbeitsökonomik Gundorf der DAL

Erscheint in 8 Reihen

Monatlich je Reihe 1 Heft

Reihe 1: Gesellschaftswissenschaftliche Grundlagen der sozialistischen Wirtschaftsführung

Reihe 2: Marxistisch-Leninistische Organisationswissenschaft

Reihe 3: Prognose, Planung, Wissenschaftsorganisation

Reihe 4: Strukturforschung und Entwicklung der Produktivkräfte

Reihe 5: Gesellschaftliche Organisation der Landwirtschaft und Nahrungsgüterwirtschaft

Reihe 6: Ökonomische Regelungen und wirtschaftliche Rechnungsführung

Reihe 7: (A) Leitung in der Landwirtschaft und Nahrungsgüterwirtschaft
(B) System der Aus- und Weiterbildung

Reihe 8: (A) Wissenschaftliche Arbeitsorganisation und Technologie
(B) Transporte in der Landwirtschaft und Nahrungsgüterwirtschaft

Je Reihe monatlich 4,00 M

Bei Jahresabonnement aller 8 Reihen 5 % Vergünstigung

Bestellungen sind an eine der o. g. Institutionen zu richten.

Referatekarteien/Informationen

Pflanzenernährung und Düngung. Jährlich 12 Lieferungen, je Lieferung 110 Referate, 11,00 M. 1971 erscheint der 6. Jahrgang

Getreideproduktion. Jährlich 5 Doppellieferungen, je Lieferung 160 Referate, 16,00 M. 1971 erscheint der 1. Jahrgang

Kartoffelproduktion. Jährlich 5 Doppellieferungen, je Lieferung 100 Referate, 10,00 M. 1971 erscheint der 1. Jahrgang

Futterproduktion einschließl. Grünland. Jährlich 12 Lieferungen, je Lieferung 100 Referate, 10,00 M. 1971 erscheint der 6. Jahrgang

Gemüseproduktion. Jährlich 6 Doppellieferungen, je Lieferung 140 Referate, 14,00 M. 1971 erscheint der 6. Jahrgang

Zierpflanzenproduktion. Jährlich 6 Doppellieferungen, je Lieferung 100 Referate, 10,00 M. 1971 erscheint der 6. Jahrgang

Unkrautbekämpfung. Jährlich 6 Doppellieferungen, je Lieferung 80 Referate, 8,00 M. 1971 erscheint der 6. Jahrgang

Rinderproduktion. Jährlich 12 Lieferungen, je Lieferung 120 Referate, 12,00 M. 1971 erscheint der 6. Jahrgang

Schweineproduktion. Jährlich 6 Doppellieferungen, je Lieferung 120 Referate, 12,00 M. 1971 erscheint der 6. Jahrgang

Geflügelproduktion. Jährlich 5 Doppellieferungen, je Lieferung 160 Referate 16,00 M. 1971 erscheint der 1. Jahrgang

Bienen. Jährlich 6 Lieferungen, je Lieferung 40 Referate, 4,00 M. 1971 erscheint der 3. Jahrgang

Ökonomik Gartenbau. Jährlich 12 Lieferungen, je Lieferung 60 Referate, 6,00 M. 1971 erscheint der 5. Jahrgang

Informationen über Sozialistische Betriebswirtschaft und Kooperation. Jährlich 12 Lieferungen, je Lieferung ca. 40 S. (einseitig bedruckt), 4,00 M. 1971 erscheint der 4. Jahrgang

In Vorbereitung:

Fleischbearbeitung u. -verarbeitung. ca. 100 Referate je Lieferung, je Karte 0,10 M

Milchverarbeitung. ca. 100 Referate je Lieferung, je Karte 0,10 M

Zuckerwirtschaft. ca. 100 Referate je Lieferung, je Karte 0,10 M

Getreideverarbeitung und -lagerung, Mischfutterindustrie. ca. 100 Referate je Lieferung, je Karte 0,10 M

Kühl- und Lagerwirtschaft. ca. 100 Referate je Lieferung, je Karte 0,10 M

Stärke- und Kartoffelveredlungsindustrie. ca. 100 Referate je Lieferung, je Karte 0,10 M

Fortschrittsberichte für die Landwirtschaft und Nahrungsgüterwirtschaft

(bis Band 6, 1968, Fortschrittsberichte für die Landwirtschaft)
Je Heft 3,00 M, Doppelheft 6,00 M

Band 4, 1966

Nr. 1: STEGER, H.: Nitratspeicherung in der Pflanze und ihre Einflüsse und Auswirkungen auf Leistung und Gesundheit bei Rindern und Schweinen. 32 S. (vergriffen)

Nr. 2: STELLMACHER, W.: Die Bekämpfung von Salmonelleninfektionen bei Tieren, in Nahrungs- und Futtermitteln. 68 S.

Nr. 3: MÜLLER, M.; KLAMKE, R.: Die Mechanisierung der Arbeiten zur Bereitung und Entnahme von Gärfutter. 56 S.

Nr. 4: BROŽA, A.: Die Trocknung von Futterpflanzen. (Übersetzung eines Fortschrittsberichtes aus der ČSSR.) 59 S. (vergriffen)

Nr. 5: Autorenkollektiv: Stand und neueste Erkenntnisse in der Kleintierzucht fortgeschrittener Länder. 56 S. (vergriffen)

Nr. 6: Autorenkollektiv: Strahlenkrankheit bei Tieren. (Übersetzung eines Fortschrittsberichtes aus der ČSSR.) 64 S.

Nr. 7: Autorenkollektiv: Epizootologie und Bekämpfung der wichtigsten Tierseuchen in der DDR unter Berücksichtigung der internationalen Situation. Teil I: Rind und Schwein. 72 S. (vergriffen)

Nr. 8: Autorenkollektiv: Epizootologie und Bekämpfung der wichtigsten Tierseuchen in der DDR unter Berücksichtigung der internationalen Situation. Teil II: Geflügel. 70 S.

Nr. 9: GURDEV, B.; IKONOMOV, B.: Der ökonomische Nutzeffekt der Investitionen für Be- und Entwässerung. (Übersetzung eines Fortschrittsberichtes aus der VR Bulgarien.) 64 S. (vergriffen)

Nr. 10/11: HENNIG, A.: Bedeutung des Zinks in der Tierernährung und speziell bei der Fütterung des Geflügels, der Schweine und der Wiederkäuer. 106 S.

Nr. 12: BEKE, F.; KISS, A.; LELLEY, J.; RAJKI, R.: Neue Ergebnisse in der Weizenzüchtung. (Übersetzung eines Fortschrittsberichtes aus der VR Ungarn.) 60 S.

Nr. 13: JÜLICH, L.; MORGENROTH, H.; BLOSSFELD, O.: Gewinnung, Transport und Aufbereitung von Dünnholz. 72 S.

Nr. 14: FREUDENBERG, G.: Rationeller Wirtschaftswegebau — Stand und Entwicklungstendenzen. 64 S.

Nr. 15: SYRINEK, F.: Rationelle Ferkelaufzucht. (Übersetzung eines Fortschrittsberichtes aus der ČSSR.) 80 S. (vergriffen)

Nr. 16: SCHÖNHERR, W.: Die Milchkühlung im Landwirtschaftsbetrieb in internationaler Sicht. 52 S. (vergriffen)

Nr. 17: NESENI, R.; FIEDLER, H.: Euter, Milchbildung und Milchleistung. 48 S.

Nr. 18: NESENI, R.: Nährstoffe und andere Bestandteile der Milch. 62 S.

Nr. 19: Autorenkollektiv: Rationalisierung der Forstpflanzenproduktion. Teil 1: Bodenfruchtbarkeit, Saatgutvorbehandlung und Pflanzenschutz in Forstbaumschulen. 77 S. (vergriffen)

Nr. 20: SCHINKE, H.: Die Mechanisierung der Räumungsarbeiten an Vorflut- und Binnengräben. 60 S.

Band 5, 1967

Nr. 1: PORZIG, E.: Verhaltensforschung bei Schweinen. 1967. 76 S.

Nr. 2/3: KULITZSCHER, H.; NEUBERT, P.; LAUE, W.: Probleme der Defoliation bei Kartoffeln und Leguminosen. 95 S.

Nr. 4: Autorenkollektiv: Gleichzeitige Selektion nach mehreren Merkmalen und deren Anwendung in der Pflanzen- und Tierzüchtung. 72 S.

Nr. 5: HAVLIČEK, J.: Methoden der Ausarbeitung langfristiger Perspektiven der landwirtschaftlichen Produktion in fortgeschrittenen kapitalistischen Ländern. (Übersetzung eines Fortschrittsberichtes aus der ČSSR.) 42 S.

Nr. 6: LASSOTA, L.: Neue Ergebnisse zu Fragen der Schweinehaltung in großen Produktionseinheiten. (Übersetzung eines Fortschrittsberichtes aus der VR Polen.) 36 S.

Nr. 7: HEISSNER, A.; FÖRTSCH, Ch.; SAHRMÜLLER, R.: Anwendungsmöglichkeiten der Steuer- und Regeltechnik im Gemüsebau. 64 S.

Nr. 8: Autorenkollektiv: Die Pyogenes-Mastitis des Rindes (die sogenannte Holsteinische Euterseuche). 42 S.

Nr. 9: VOGEL, K.: Die Geflügelleukose im Blickpunkt der Aviären Virustumoren. 71 S.

Nr. 10: KUNZE, A.; BOSSE, O.: Rationalisierung und Qualitätsverbesserung der Grundbodenbearbeitung. 64 S.

Band 6, 1968

Nr. 1: JANKOWSKI, L.: Arbeitswirtschaftliche Fragen bei verschiedenen Verfahren zur Produktion von Schafwolle. 64 S.

Nr. 2/3: BERGMANN, W.: Die Bedeutung der Mikronährstoffe in der Landwirtschaft. 121 S. (vergriffen)

Nr. 4: HORSCH, F.: Die Leptospirose des Schweines und anderer landwirtschaftlicher Nutztiere. 54 S.

Nr. 5: NEUMANN, D.; NEUMANN, U.: Anbausysteme und Kronengestaltung beim Kernobst. 58 S.

Nr. 6: EHWALD, E.: Die großmaßstäbliche landwirtschaftliche Boden- und Standortkartierung und ihre Auswertung. 70 S.

Nr. 7: KOLBE, G.; STUMPE, H.: Die Strohdüngung. 71 S.

Nr. 8: Autorenkollektiv: Rationalisierung der Forstpflanzenproduktion. Teil II: Verfahren und Grundlagen zur Technologie der Forstpflanzenanzucht in Forstbaumschulen. 82 S.

Nr. 9: PIATKOWSKI, B.: Regulation der Futteraufnahme beim Wiederkäuer. 39 S.

Nr. 10: VASILJEV, A.: Mechanisierung der Rindermast. (Übersetzung eines Fortschrittsberichtes aus der ČSSR.) 40 S.

Nr. 11: WITCZAK, F.: Der Einsatz getrockneter Kartoffeln bei der Fütterung landwirtschaftlicher Nutztiere. (Übersetzung eines Fortschrittsberichtes aus der VR Polen.) 40 S.

Nr. 12/13: GÜRTLER, H.: Die Anämie des Saugferkels – ihre Entstehung und Prophylaxe. 108 S.

Nr. 14: TUREK, E.: Belüftungstrocknung von Welkgutballen. 48 S.

Nr. 15/16: DECKER, H.: Anwendung von Nematiziden. 79 S.

Literaturanhang zum Fortschrittsbericht 6 (1068), Heft 2/3, von W. BERGMANN „Die Bedeutung der Mikronährstoffe in der Landwirtschaft". 80 S. – 6,00 M

Band 7, 1969

Nr. 1: BANNORTH, H.-G.; VOSS, W.: Zur Anwendung und Ermittlung von Produktionsfunktionen in der Landwirtschaft. 72 S.

Nr. 2: Autorenkollektiv: Anwendung von synthetischen Bodenverbesserungsmitteln im Gartenbau. 52 S.

Nr. 3: KALTOFEN, H.; KRIEHMIG, U.: Zur Frage der Harnstoffanwendung auf dem Grünland. 36 S.

Nr. 4: Autorenkollektiv: Vertragsbeziehungen zwischen Zuckerrübenproduktion und Zuckerrübenverarbeitung – Übersicht über den internationalen Stand. 70 S.

Nr. 5: WERNER, J.: Die Bedeutung des Chroms in der Tierernährung. 44 S.

Nr. 6: WÖHLERT, W.: Anwendung von Chemikalien bei der konservierenden Zuckerrübenlagerung. 59 S.

Nr. 7/8: LOHRMANN, R.; SIEGL, O.: Verfahren zur Produktion von Läufer- und Schlachtschweinen. 108 S.

Nr. 9: MÄRTIN, B.; BÄSSLER, R.: Der Futterkohl und sein Anbau. 72 S. (vergriffen)

Nr. 10: ROSSDEUTSCHER, H.: Probleme der Bodenentsteinung und Stand der Entwicklung von Spezialmaschinen. 70 S.

Nr. 11/12: BADEWITZ, S.: Statische lineare Optimierungsmodelle in der Agrarökonomik. 124 S.

Band 8, 1970

Heft 1: HOLDAS, S.: Züchterische, technologische und ökonomische Probleme der Broilerkaninchenproduktion. (Übersetzung eines Fortschrittsberichtes aus der VR Ungarn.) 43 S.

Heft 2/3: SCHWARK, H. J.; KUNERT, G.; HARTMANN, C.: Jungkuhselektion – Grundlagen und Anwendung. 142 S.

Heft 4: GOLLMICK, F.; NEUBERT, P.; VIELEMEYER, H.-P.: Möglichkeiten und Grenzen der Pflanzenanalyse bei der Ermittlung des Mineralstoffbedarfs landwirtschaftlicher Kulturpflanzen. 83 S.

Heft 5/6: GRÖSCHNER, P.; HELD, H.; ILLGE, L.; OSTERLOH, A.; REICHEL, M.: Obstlagerung. 124 S.

Band 9, 1971

Weitere Hefte in Vorbereitung

Bestellungen sind an das Institut für Landwirtschaftliche Information und Dokumentation der DAL zu Berlin, 108 Berlin, Krausenstraße 38/39, zu richten.

+ **Schnellinformation für Landwirtschaft und Nahrungsgüterwirtschaft**

Einmal wöchentlich mit je 12 S., Jahresabonnement 240,00 M

Informationen für Landwirtschaft und Nahrungsgüterwirtschaft

Zweimal monatlich mit je 32 S., Jahresabonnement 24,00 M

+ **Übersichtsinformation für leitende Funktionäre der Landwirtschaft und Nahrungsgüterwirtschaft**

Je Jahr 15–20 Hefte, 1971 erscheint der 6. Jahrgang
Je Heft 3,00 M

+ **Übersichtsinformation für leitende Funktionäre der Landwirtschaft und Nahrungsgüterwirtschaft**

Reihe A
Erscheint nach Bedarf
Je Heft 3,00 M

+ **Kennzahlensammlung über den Stand der landwirtschaftlichen Produktion ausgewählter Erzeugerländer**

Broschüre. 1969. 96 S.
einmal jährlich, 10,00 M
Kartei. 1970. 105 Karten
einmal mit Fortschreibungen durch Aufklebestreifen, 20,00 M

+ **Landwirtschaftliche Bibliographien der Landwirtschaftlichen Zentralbibliothek**

Nr. 3: Verzeichnis der Bibliographien landwirtschaftlicher Literatur aus dem Bestande der Landwirtschaftlichen Zentralbibliothek (Stand: 31. 12. 1970). (In Vorbereitung)

+ **Verzeichnis der Neuerwerbungen der Landwirtschaftlichen Zentralbibliothek (Auswahl)**

Monatlich 1 Heft, 1971 erscheint der 20. Jahrgang

Sonstige Veröffentlichungen

+ Verzeichnis der Bibliotheken und Informationseinrichtungen der Land-, Forst- und Nahrungsgüterwirtschaft in der Deutschen Demokratischen Republik. 1968. 107 S.

+ Das Verpackungswesen in der Landwirtschaft und Nahrungsgüterwirtschaft. 1969. 100 S. m. zahlr. Abb. (vergriffen)

+ Zusammenstellung der wichtigsten Gedanken zur sozialistischen Intensivierung aus Veröffentlichungen 1967—69. 1970. 37 S. (vergriffen)